优秀技术工人
百工百法丛书

刘清工作法

煤矿无人化智能开采控制系统

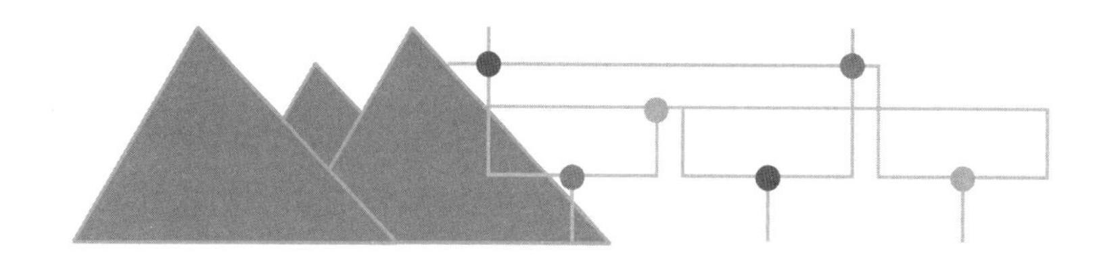

中华全国总工会 组织编写

刘 清 著

中国工人出版社

技术工人队伍是支撑中国制造、中国创造的重要力量。我国工人阶级和广大劳动群众要大力弘扬劳模精神、劳动精神、工匠精神，适应当今世界科技革命和产业变革的需要，勤学苦练、深入钻研，勇于创新、敢为人先，不断提高技术技能水平，为推动高质量发展、实施制造强国战略、全面建设社会主义现代化国家贡献智慧和力量。

——习近平致首届大国工匠创新交流大会的贺信

优秀技术工人百工百法丛书

编委会

优秀技术工人百工百法丛书

能源化学地质卷

编委会

序

党的二十大擘画了全面建设社会主义现代化国家、全面推进中华民族伟大复兴的宏伟蓝图。要把宏伟蓝图变成美好现实，根本上要靠包括工人阶级在内的全体人民的劳动、创造、奉献，高质量发展更离不开一支高素质的技术工人队伍。

党中央高度重视弘扬工匠精神和培养大国工匠。习近平总书记专门致信祝贺首届大国工匠创新交流大会，特别强调“技术工人队伍是支撑中国制造、中国创造的重要力量”，要求工人阶级和广大劳动群众要“适应当今世界科技革命和产业变革的需要，勤学苦练、深入钻研，勇于创新、敢为人先，不断提高技术技能水平”。这些亲切关怀和殷殷厚望，激励鼓舞着亿万职工群众弘扬劳模精神、劳动精神、工匠精神，奋进新征程、建功新时代。

近年来，全国各级工会认真学习贯彻习近平总书记关于工人阶级和工会工作的重要论述，特别是关于产业工人队伍建设改革的重要指示和致首届大国工匠创新交流大会贺信的精神，进一步加大工匠技能人才的培养选树力度，叫响做实大国工匠品牌，不断提高广大职工的技术技能水平。以大国工匠为代表的一大批杰出技术工人，聚焦重大战略、重大工程、重大项目、重点产业，通过生产实践和技术创新活动，总结出先进的技能技法，产生了巨大的经济效益和社会效益。

深化群众性技术创新活动，开展先进操作

法总结、命名和推广，是《新时期产业工人队伍建设改革方案》的主要举措。为落实全国总工会党组书记处的指示和要求，中国工人出版社和各全国产业工会、地方工会合作，精心推出“优秀技术工人百工百法丛书”，在全国范围内总结100种以工匠命名的解决生产一线现场问题的先进工作法，同时运用现代信息技术手段，同步生产视频课程、线上题库、工匠专区、元宇宙工匠创新工作室等数字知识产品。这是尊重技术工人首创精神的重要体现，是工会提高职工技能素质和创新能力的有力做法，必将带动各级工会先进操作法总结、命名和推广工作形成热潮。

此次入选“优秀技术工人百工百法丛书”作者群体的工匠人才，都是全国各行各业的杰出技术工人代表。他们总结自己的技能、技法和创新方法，著书立说、宣传推广，能让更多人看到技术工人创造的经济社会价值，带动更多产业工人积极提高自身技术技能水平，更好地助力高质量发展。中小微企业对工匠人才的孵化培育能力要弱于大型企业，对技术技能的渴求更为迫切。优秀技术工人工作法的出版，以及相关数字衍生知识服务产品的推广，将对中小微企业的技术进步与快速发展起到推动作用。

当前，产业转型正日趋加快，广大职工对于技术技能水平提升的需求日益迫切。为职工群众创造更多学习最新技术技能的机会和条件，传播普及高效解决生产一线现场问题的工法、技法和创新方法，充分发挥工匠人才的“传帮带”作用，工会组织责无旁贷。希望各地工会能够总结命名推广更多大国工匠和优秀技术工人的先进工作法，培养更多适应经济结构优化和产业转型升级需求的高技能人才，为加快建设一支知识型、技术型、创新型劳动者大军发挥重要作用。

中华全国总工会兼职副主席、大国工匠

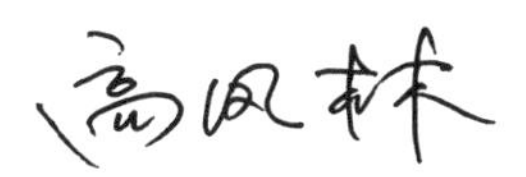

作者简介
About The Author

刘清

1984 年出生，中国煤炭科工集团三级首席科学家，北京天玛智控科技股份有限公司智能开采事业部副总经理，“煤矿无人化智能开采控制技术卓越团队”带头人。

曾获国家科技进步奖二等奖 1 项、省部级一等奖 4 项以及 2022 年度煤炭青年科技奖，2023 年荣获煤炭行业“卓越青年”称号。

刘清长期致力于煤矿自动化及无人化智能开采技术研究工作，先后主持、负责及参与国家级、集团级科研项目 20 多项，发表学术论文 22 篇，获得授权发明专利 21 项、软件著作权 12 项。他首创“机架协同”高效煤矿开采工艺，提出多级拉架、“环境感知—设备自控—系统联控”自动化控制、设备高效启动等多项核心关键技术，参与国家重点研发计划《综放工作面智能化放煤控制关键技术与装备》《智能开采控制技术及装备》等课题，首次提出记忆放煤工艺、基于煤矸识别的放煤、煤流平衡放煤等多模式融合的综放控制方法，相关成果达到国际领先水平，并已在国内广泛推广应用，成果转化带动单位产值超 10 亿元。

工/匠/寄/语

路虽远，行则将至
事虽难，做则必成

刘清

目　录
Contents

引　言　01

第一讲　无人化采煤概述　05

第二讲　无人化智能开采控制方法　11

一、综采工作面采煤工艺驱动引擎技术　13

二、液压支架全工作面跟机自动化控制技术　19

三、采煤机自动调高控制技术　28

四、液压支架智能放煤控制技术　29

五、规划截割模型轨迹设定方法　42

第三讲　基于规划截割的智能开采控制系统设计　47

一、系统架构　49

二、网络传输平台　51

三、智能数据中心　58

四、开采控制中心 68

第四讲　无人化智能开采生产模式 75

一、智能开采生产模式及存在问题 77

二、新一代地面一体化远控平台设计 79

三、无人化地面远程开采新模式 89

四、无人化智能开采应用效果 97

后　记 99

引　　言
Introduction

煤矿智能化、无人化不仅是煤炭工业高质量发展的重要方向，更是实现这一目标的核心技术保障。2020 年，国家八部委联合发布《关于加快煤矿智能化发展的指导意见》，提出到 2025 年综采工作面内达到少人或无人操作。为了达到这一目标，创新一套无人化智能开采控制方法与系统、实现无人化采煤势在必行，这对保障国家能源安全、推动煤炭行业跨越式发展具有重要意义。

随着近年各煤矿企业对智能开采建设投入的不断加大，煤矿智能化建设已经成为行业发展、落实央企使命担当的必然要求。首先，无人化采煤是行业发展的需要。《关于加快煤矿智能化发展的指导意见》明确提出“到2021年，建成多种类型、不同模式的智能化示范煤矿”;《全国安全生产专项整治三年行动计划》提出到2022年力争建成1000个智能化采掘工作面。其次，无人化采煤是安全生产的需要。因矿井下开采技术条件日趋复杂，安全影响因素众多，事故时有发生，严重威胁煤矿井下工人的生命安全，工作面内生产期间的无人化需求更加迫切。再次，无人化采煤符合技术发展的需要。目前以“工作面1人巡视，远程可视干预”为主的“无人化”采煤模式仍存在较多问题，如在工作面工程质量要求、设备姿态异常、自动化控制干预、安全等方面，生产过程中巡视人员无法完全撤离工作面，必要的就地操作、控制调整、安全巡检、设备状态实时监控需要人工干预。自 2014 年以来，刘清及其团队持续攻关无人化智能开采控制技术研发与应用，2014 年实现了以“可视化远程干预”为特点的智能化采煤 1.0 工程示范；2016 年实现了以“工作面自动找直”为特点的智能化采煤 2.0 工程示范；2018 年开始以“透明工作面”为主要特点，类比无人驾驶技术路线，研发基于规划截割的全智能自适应开采控制方法，将地质模型、采煤工艺与控制系统深度融合，形成以采煤机自主规划截割为主的智能开采控制系统，有利于煤机装备自动化、智能化方面的整体技术进步。

本书阐述了刘清及其团队在智能开采技术攻关过程中对一系列难题的研究思考，包含了解决方法和实施效果，在研发过程中创新提出若干控制方法和控制系统，供大家参考。

第一讲

无人化采煤概述

无人化采煤系统主要包括感知、决策、执行、验证等部分，在大数据分析与历史数据挖掘的支撑下实现对开采装备、控制系统的有效维护，达成生产作业期间工作面内无人常态化连续的目标。

感知部分主要指通过感知地质条件、装备工况、开采环境，改变传统综合机械化开采以及当前基于可视化远程干预的开采模式中依靠人“看”来感知工作面的形式。决策部分指在通过数据汇聚并结合装备行为“准则”、以工艺开采“依据”为支撑的开采决策控制模型中，基于大数据分析、人工智能等技术应用，形成以决策思想来替代原有依靠人“想”的环节。执行部分指依靠以成套装备为基础的自动化、智能化执行来实现“动”的需求。验证部分指依靠数字孪生虚拟仿真技术，模拟开采工况，从而检验自主决策结果，动态调节模型。

以上几个智能化环节通过感知煤层赋存条件和围岩特性、开采环境状态以及装备工况，实现生产过程自主运行，降低人工直接操作风险，达到在提升煤炭开采工效的同时确保工作面可以连续、稳定、高效运行，成为自主感知、自主分析、自主决策、自主执行的生产系统。

无人化采煤可分为两条技术路线。一是可视化远程干预智能开采，即通过应用视频监视技术、液压支架跟机技术、采煤机记忆截割技术、远程控制技术等，将采煤工人从工作面解放出来，可以在相对安全的巷道监控中心完成工作面正常采煤。二是智能自适应开采，通过工作面多机协同能力，将惯性导航技术、人员定位技术、找直技术、多机协同技术等应用于采煤工作面，实现工作面自动找直，同时引入“透明工作面”“规划截割”等先进理论，硬件平台依托矿井物联网、大数据、工业以太网、无线通信网络、标准化通信协议等，进一步提升综采装备的感知、决策、执行、验证能力，不断地适应一般地质条件、复杂地质条件下煤矿无人化采煤的要求，提前规划割煤曲线，使用采煤机自动调高控制技术，实现采煤机自主控制，支架多模态自动跟机移架，从而达到工作面无人自动化连续生产的目的。

第二讲

无人化智能开采控制方法

一、综采工作面采煤工艺驱动引擎技术

为实现综采工作面采煤机割煤工艺、电液控跟机工艺灵活驱动，一般采用工艺驱动引擎技术。按照工艺表工艺阶段任务控制采煤机执行割煤生产、支架电液控跟机动作，具有便捷的人员交互功能，可根据生产实际情况实现采煤机割煤工艺跳转、工艺表控制功能开关等。

（一）工艺驱动引擎控制方式

在工作面自动化开采过程中，调用采煤工艺文件进行综采设备调度控制。针对液压支架、采煤机、三机装备的调度控制方式如下：

1. 液压支架

工艺驱动引擎具备液压支架跟随采煤机位置进行自动移架、推溜、伸收护帮板等工序控制逻辑，该控制逻辑将液压支架控制系统的每台支架作为一个控制节点，按照控制逻辑发送对应的调度指令，每台支架的控制器接收到调度指令后，

按照调度指令内容执行相应的控制动作，从而实现液压支架根据引擎中的工艺表自动运行。

2. 采煤机

工艺驱动引擎具备采煤机全工作面割煤工序控制逻辑，该控制逻辑将采煤机在工作面中部段、端部清浮煤段、斜切进刀段、三角煤区域段的工序进行分解，转化为不同工序阶段后，通过采煤机牵引、速度调度控制指令进行采煤机驱动控制，采煤机控制系统接收到调度控制指令后，按照调度指令内容执行相应的控制动作，从而实现采煤机根据引擎中的工艺表自动运行。

3. 三机装备

工艺驱动引擎中包括刮板运输机、转载机、破碎机的工序控制逻辑。根据工序控制逻辑发送设备启停调度控制指令，三机控制系统接收到设备启停控制调度指令后，按照调度控制指令内容执行相应的设备启停控制指令，从而实现三机设备根据采煤工艺协同控制。工艺驱动引擎中可预设运输系统调试逻辑，根据生产需求继续相关电机速度的调整，实现煤流均衡、匹配煤机速度。

（二）工艺驱动引擎控制流程

采煤工艺驱动引擎可从服务端获取当前所有的工艺表配置文件，根据当前实际工况选择适当的采煤工艺文件，转化为可执行的逻辑程序向综采设备发送调度指令，综采设备接收指令后通过解析指令信息执行相应动作，从而实现综采工作面的调度控制。

1. 选定采煤工艺文件，解析为采煤工艺控制逻辑

根据综采工作面实际工况需要，从采煤工艺文件库中选出适合的配置文件。采煤工艺驱动引擎解析采煤工艺配置文件，将采煤工艺配置文件中采煤工艺阶段、任务类型及顺序、任务动作属性等转化为设备调度控制逻辑程序。

2. 设定当前所处工艺阶段及任务

根据当前采煤机位置和方向确认执行的采煤工艺阶段及任务工序，确认工艺阶段和设备控制工序后，正式启动采煤工艺驱动引擎。

3. 设备主从调度控制

当工作面开始生产时，采煤工艺驱动引擎接收采煤机位置信息，将采煤机位置变化信息输入引擎，引擎向对应设备发送控制逻辑调度指令，综采设备接收到调度指令后，按照指令内容执行重点控制。

（三）工艺驱动引擎编辑设置

工艺驱动引擎编辑设置流程分为采煤工艺范围确认、工艺阶段划分，设备运行任务编辑、工序配置和属性参数设置等四个层级（见图 1）。

1. 采煤工艺范围确认、工艺阶段划分

以代表工作面液压支架的图形化模块的集合作为采煤工艺执行的范围，确认采煤工艺范围；

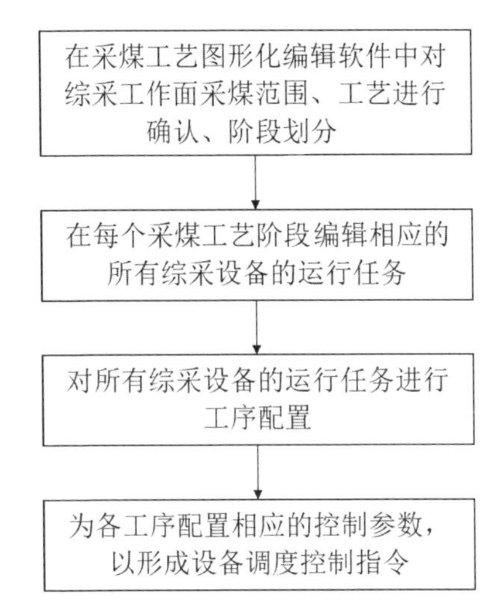

图 1　工艺驱动引擎编辑设置流程示意

将采煤工艺整体按照工作面区域（机头、机尾、中部）、采煤机运行方向及所在位置综合判断，划分多个采煤工艺阶段。

2. 设备运行任务编辑

针对每个采煤工艺阶段，依据采煤机在此工艺阶段的连续运行位置与方向，按照采煤生产过程设备所需控制执行内容，对多个设备的控制任务或者一个设备的多个控制任务进行编辑，主要以采煤机的位置变化和运行方向切换作为设备控制任务的触发依据。

3. 工序配置和属性参数设置

在一个采煤工艺阶段内，多个设备运行任务之间通过工序配置来决定哪个设备控制任务先执行或者几个设备控制任务同时执行。通过配置同一采煤工艺阶段各设备运行任务的前置任务编号来定义任务执行先后顺序。每个采煤工艺阶段均有默认的先导任务，该任务是在采煤工艺进入此阶段后的首要执行任务，其他任务根据先后执行顺序或者同时执行顺序，编辑前置任务编号来进行配置。设备控制工序的执行条件严格按照工序配置方式进行约束，只有当前置控制工序完成后，后续工序才能开始执行，通过这些约束条件保证采煤工艺执行的准确性。当某几个任务需要协同执行时，可通过设置相同的前置任务编号作为各相关任务的协同执行判断依据，实现多设备协同控制逻辑的配置。属性参数用来定义数据的具体类型、用途和操作方式，通过设置不同的属性参数表，实现采煤工艺阶段内不同工序的灵活配置。

二、液压支架全工作面跟机自动化控制技术

液压支架全工作面跟机自动化控制技术主要包括跟机自动化系统、常规全工作面跟机控制方法、机架协同跟机控制方法三部分，最终实现整个工作面液压支架的跟机自动化。

（一）跟机自动化系统

从工作面整体采煤的角度，将采煤机、液压支架、刮板输送机看成一个大型的整体设备群，它们在结构上相互配套、动作上相互约束、位置上相互重叠。跟机自动化是大型设备群由一个集中控制中心统一控制的方法，具体指以采煤机的

位置为依据，结合矿区地质条件选取合适的割煤工艺，当采煤机沿刮板输送机方向运行到工作面的某个位置时，采煤机后面的支架开始自动移架、推移刮板输送机、伸护帮板，而采煤机前面的支架开始自动收护帮板，做到自动控制与采煤工艺相结合，提高了工作面的生产效率。

跟机自动化实现条件主要有两个：第一，保证准确的采煤机位置信号。目前的系统一般采用红外线对射传感器监测采煤机位置，其中红外线发射器安装在采煤机的机身上，红外线接收器安装在液压支架上。红外线发射器不断地发送一定频率的固定编码的红外线信号，当采煤机运行时，不同液压支架上的接收器会接收到红外线信号，同时接收到信号的红外线接收器将此信号传送给支架控制器，支架控制器就可以确定采煤机的具体对应位置。第二，保证工作面的整体工作状态正常。其中包括液压支架电液控制系统线缆连接完整，巷道主机与工作面的通信正常，各传感器连接和通信正常可靠，所有参与跟机自动化的支架液压系统工作正常。

（二）常规全工作面跟机控制方法

通常把采煤机沿工作面从一端割煤到另一端完成称为进一刀，将一刀割煤的深度称为截深。把采煤机在工作面往返行走时的状态与进刀数相结合的方式称为割煤方式。双滚筒采煤机在正常工作时，一般以行走方向为准，前滚筒沿顶板割煤，后滚筒沿底板割煤。如果采煤机在往返行走中都在割煤，那么一个往返行走就可以完成两刀割煤任务，这种割煤方式称为双向割煤。如果采煤机在往返行走中只有一趟在割煤，另一趟空行，这种割煤方式称为单向割煤。根据不同的综采设备、工作面煤层赋存条件，应选用不同的割煤方式。

工作面主要工艺流程为：割煤→装煤→移架

支护→推移刮板输送机。通过在采煤机机身设置多种传感器来实现对采煤机的采高、速度等数据的采集。以双向割煤为例，采煤机采用22道工序自动化割煤工艺（见图2），完成全工作面液压支架跟随采煤机割煤工艺进行跟机控制。

（三）机架协同跟机控制方法

采煤机在两个端头的割煤工艺称为三角煤割煤工艺，主要依靠采煤机自动截割来执行作业任务，液压支架则根据采煤机的实时位置进行该区域的跟机动作。在实际运行过程中，极易出现支架还未到位，采煤机就开始下一道工序的问题，或者采煤机还未截割到位，液压支架就开始下一道跟机工序的问题，严重影响三角煤区域截割效果。

结合现场实际，系统采用了“机架协同控制”割三角煤跟机工艺（见图3）。其核心技术是通过扩大两者数据交互应用范围，使采煤机和液压支

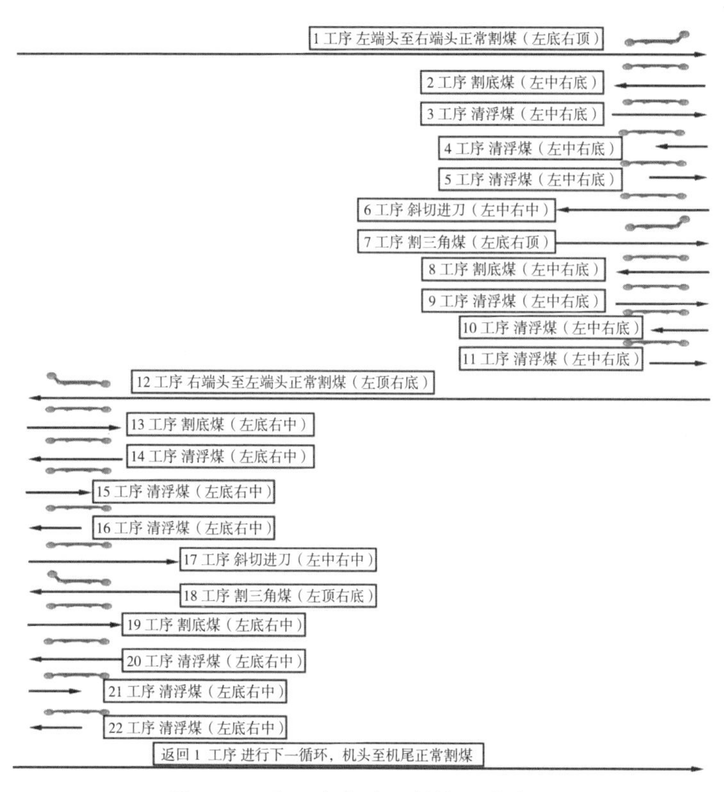

图 2　22 道工序自动化割煤工艺流程

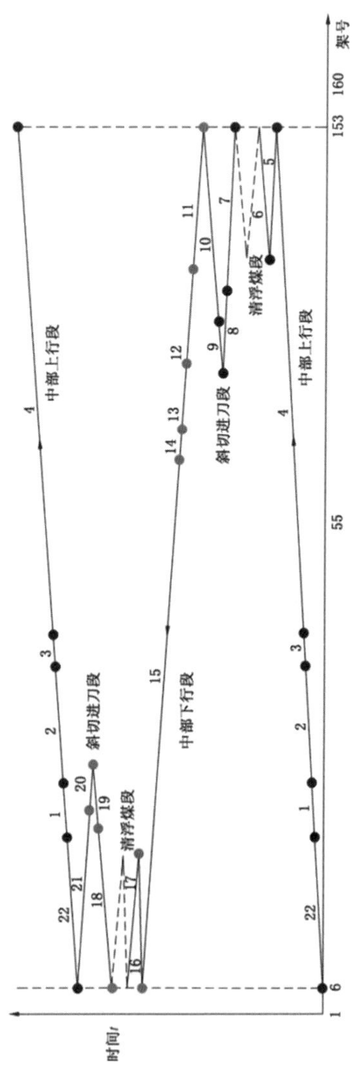

图 3 机架协同整体运行示意

架在执行当前动作和开始下一动作时，都能接收到对方“其动作执行是否到位”的信号；当对方上一个动作还未完成时，自身则要逐渐减速甚至停机，等待对方完成动作后，才开始执行下一道工序，这大大提升了三角煤跟机自动化截割水平。

1. 采煤机机尾正常割煤工序

采煤机动作：采煤机左滚筒升起割顶煤，右滚筒割底煤，机头朝机尾方向正刀割煤。

液压支架动作：采煤机朝机尾运转时，液压支架从第 25 架开始向机尾推移刮板输送机，推移至第 15 架使刮板输送机形成蛇形段。为确保采煤机正常割煤，在第 15 架后到机尾方向支架停止拉架、推移刮板输送机。从第 25 架朝机头方向刮板输送机全部推出。

2. 采煤机机尾清浮煤工序

（1）采煤机动作：当采煤机在机尾割通煤壁后，左滚筒降下割底煤，右滚筒升平，机尾朝机头方向行走割完机身下的底煤。

液压支架动作：从第 16 架朝机尾方向停止动作，采煤机将机尾煤割透后，端头支架只需伸出前探梁支护顶板。为确保过渡槽平稳推移，采煤机在机尾进行清煤，液压支架不动作。

（2）采煤机动作：当采煤机右滚筒行至第 15 架时，左滚筒继续卧底割底煤，右滚筒继续升平，采煤机掉头至机尾方向牵引，继续清理浮煤。

液压支架动作：为清理浮煤，采煤机在机尾第 1 至第 5 架左右行走进行扫煤，液压支架不动作。

（3）再往返一次重复（1）和（2）工序，完成清浮煤工序。

3. 采煤机机尾斜切进刀割煤工序

采煤机动作：当机尾浮煤清理完后，采煤机朝机头行走，右滚筒升平从煤壁中间起割顶煤，防止滚筒割到支架前梁；左滚筒割底煤，机尾朝机头方向从第 15 架向机头斜切进刀。当右滚筒行走至第 25 架时，右滚筒完全升起割顶煤。当左滚筒行走至第 25 架时，采煤机停止行走，准备掉头朝机尾方向牵引，进入机尾割三角煤工序。

液压支架动作：液压支架从第 15 架开始依次按照顺序拉架，从第 25 架开始依次按照顺序推移刮板输送机，将刮板输送机推平、推直到机尾。

4. 采煤机在机尾三角煤区域作业工序

采煤机动作：左滚筒升起割顶煤，右滚筒降下割底煤，机头朝机尾方向割三角煤，割透机尾煤壁后停止。

液压支架动作：采煤机朝机尾方向割三角煤，液压支架不动作。

5. 采煤机机尾清浮煤工序

（1）采煤机动作：采煤机左滚筒降下割底煤，右滚筒升至水平位置，机尾朝机头方向牵引，割机身下底煤。

液压支架动作：采煤机机尾进行清煤，此时液压支架不动作。

（2）采煤机动作：左滚筒继续卧底割底煤，右滚筒继续升平，采煤机掉头朝机尾方向牵引，继续清理浮煤。

液压支架动作：采煤机机尾进行清煤，此时液压支架不动作。

（3）在第1架至第5架之间，再往返一次重复（1）和（2）工序，完成清浮煤工序。接下来进入机尾至机头的中部正常割煤阶段，中部液压支架开始追机拉架、推溜。机头三角煤截割、斜切进刀、反向中部割煤等工序与机尾部分对称。

三、采煤机自动调高控制技术

采煤机自动调高控制技术包含三个步骤，最终实现有效的采煤机截割模板数据，控制采煤机割煤生产。

（一）井下写实数据录入

通过移动端手机 App 软件，收集工作面写实数据，上传至地面分控中心，经地面人工确认后，存入关系型数据库。

（二）地面人工确认编辑

地面人工查看井下上传的工作面写实数据、图像及注意事项，结合工作面起伏曲线和截割模板曲线，对写实数据依次进行确认。

（三）截割模板实时调节

在采煤过程中，滚筒按照上位机截割模板数据自动调节。通过视频图像可实时在线调节截割模板数据，同步修正采煤机采高设定模块数据，采煤机按照设定值进行高度调节。

四、液压支架智能放煤控制技术

在综采放顶煤工作面，无人化智能开采控制

系统涵盖了智能放煤控制技术。放顶煤控制主要依靠支架后部尾梁、插板两个放煤机构协同控制完成。当尾梁和插板收回时，液压支架后方形成一个漏斗，尾梁和插板联动收回，构成一个放煤窗口，顶煤垮落到后部刮板输送机上，开始放煤；当尾梁和插板伸出，充分放煤后，关闭放煤窗口，停止放煤。

智能化控制系统可通过自动化控制及远程遥控放煤机构动作，达到采煤机、液压支架和运输系统的整体控制目的，实现放煤功能的就地、集中、远程三级管理控制。智能放煤控制技术主要涉及以下几个部分：放顶煤工艺、智能放煤姿态监测、智能放煤控制系统及智能煤矸识别。

（一）放顶煤工艺

综放工作面放顶煤控制通常分为手动放煤与智能放煤。手动放煤指按采煤工艺正规循环作业，放煤工人利用放煤遥控器进行放煤，根据后部刮板输送机煤量多少控制放煤量，放煤过程严格执行“见矸关门”的原则。智能放煤指移架后，通过程序设定，滞后拉移支架 5~30 架开始放煤，通过振动、声波、视频等信号分辨出矸石，从而有效控制支架放煤口进行放煤。放煤动作时间的长短取决于顶煤厚度和冒放性、工作面长度、输送机的生产能力以及支架放煤口的通过能力等。

全工作面放顶煤控制的基础是单架放煤控制（见图 4）。单架放煤动作预警后，动作执行顺序如下：收插板→收尾梁→伸尾梁→伸插板→放煤结束。尾梁与插板的动作时间根据各自传感器的数据和时间确定。用传感器来监测动作是否到位。伸尾梁阶段结束后，可以进行增强放煤动作，即循环执行收尾梁和伸尾梁动作，循环次数可设定。

综放工作面的放煤工艺与采煤工艺紧密配合，常见的采放协同工艺包括以下三种方式：

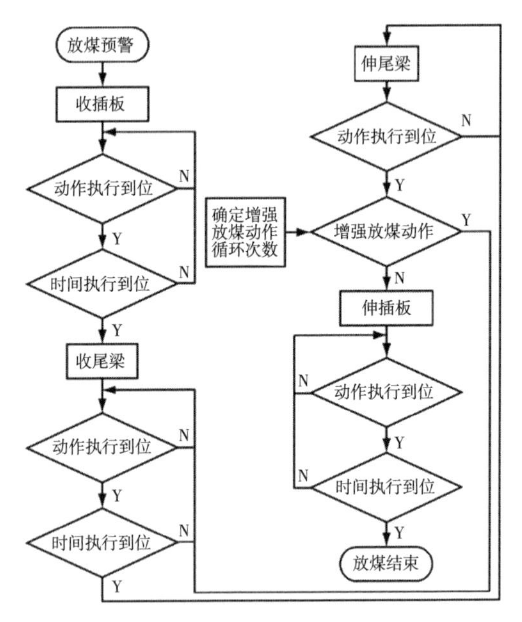

图 4　单架放煤工序示意

（1）单轮顺序放煤

按支架排列顺序，如第 1 架、第 2 架、第 3 架……依次打开放煤口放煤，将每个放煤口的煤全部放完。此放煤工艺适用于小采放比放煤工作面或工作面顶煤较薄的区域。

（2）单轮间隔放煤

按支架排列顺序，每隔 1 架或多架，如第 1 架、第 3 架、第 5 架……依次打开放煤口放煤，将每个放煤口的煤全部放完。按照同样的间隔放其他支架的顶煤。此放煤工艺适用于中等采放比放煤工作面或工作面顶煤较厚的区域。

（3）分组多级放煤

按照支架的排列顺序，将支架分为多组，在组内又将支架分为多级。放煤时，按照支架等级设置不同的放煤时间，一级支架放煤时间最长，级别越低，放煤时间越短。此放煤工艺适用于大采放比放煤工作面或工作面顶煤厚的区域。

（二）智能放煤姿态监测

智能放煤姿态监测主要指对放煤支架的尾梁、插板、底座之间的相对位置关系的动态监测。在放煤过程中，如果尾梁未降低到预设的放煤位置，则可能导致放煤效率低下；放煤结束后，如果尾梁回高位未达到给定高位的位置，则可能影响放煤口的关闭效果，甚至出现漏矸。测量支架姿态主要使用倾角传感器，倾角传感器用于检测液压支架水平面 X 轴和 Y 轴的倾斜角度值，放煤支架姿态测量由多个倾角传感器完成。随着放煤过程中支架尾梁的动作变化，尾梁倾角传感器输出不同的角度变化值，倾角传感器的角度差可用于描述尾梁的姿态位置，通过将传感数据上报至主机，可实现对放煤支架姿态的实时监测。

通过人工示范放煤，将人工放煤操作过程、放煤口个数、液压支架放煤机构的姿态、放煤时间等记录下来，根据记录数据，将尾梁摆动幅度、放煤时间形成按照时间序列递进的控制流程，在下一次放煤时启用这个控制流程，按照每个时间段对应的放煤口进行控制。数据分析显示，操作人员每次进行放煤控制时，放煤控制流程和控制参数规律大致相同，采用固化参数方法实现单个液压支架记忆放煤（见图5）。

通过智能放煤监控中心和“放煤动作架＋采煤机位置架”进行数据分析融合，实现采煤机位置信息、移架位置信息、放煤口位置信息等的记录，以记忆放煤工艺顺序为核心，启用多个液压支架进行放煤作业。采用的技术路线是“录制”模式，实现全工作面记忆放煤功能。

（三）智能放煤控制系统

智能放煤控制系统主要依托管控单元、控制单元以及组态单元三个部分来完成（见图6）。

1. 管控单元

管控单元为智能放煤控制系统的核心部分，负责控制整个规划放煤任务，是整个规划放煤的中枢大脑。其在全工作面自动跟机工艺的基础上，针对后部放煤顺序、轮次和作用域的实际要求，构建了煤机位置弱关联的自动顺序放煤机制，在确保安全的前提下，让自动放煤任务能按

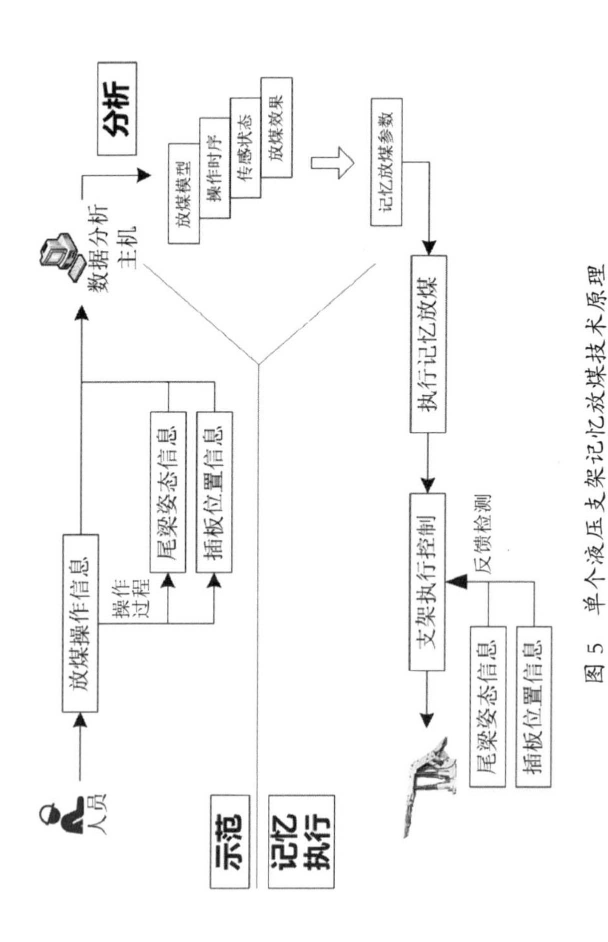

图 5　单个液压支架记忆放煤技术原理

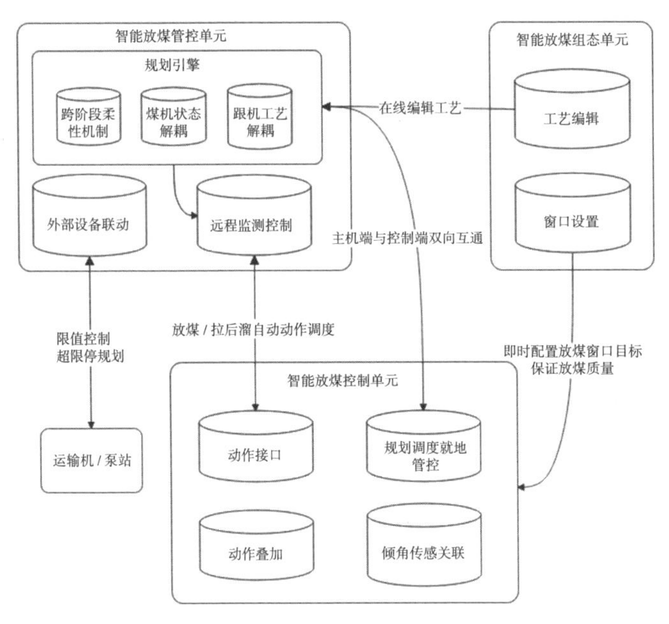

图 6　智能放煤控制系统设计

设定依次作业，不受煤机工况异常情况的干扰，大幅提升了自动执行完成率。根据后部运输机特性，设计同时放煤架数可配置系统，根据控制系统状态实时交互，实现单架依次放煤，避免同时放煤造成运输机过载。

2. 控制单元

控制单元为系统的执行单元，向上负责提供自动放煤和拉后溜动作接口，保障规划放煤管控单元可随时调度指定区域支架执行动作。同时具备规划调度就地管控能力，在集控端无人值守的情况下，通过操作控制器即可对规划放煤各环节进行管控，保障一线生产快捷操作需要。

3. 组态单元

组态单元为系统的工艺设计单元，通过一套规划放煤设计语言实现了工艺的在线编辑、友好交互。其支持放煤及拉后溜动作顺序、轮次、与煤机运行关系、与跟机阶段关系等各维度信息图形化编辑，支持放煤窗口目标设置，并可即时生效，实时保障自动化运行。

（四）智能煤矸识别

为提高煤炭资源回收率、煤质和生产效率，“见矸关门”是判断顶煤是否放完的简单有效的方法。在自动化放煤控制系统中，通过视频监视和图像识别技术来计算放煤量和煤质含矸率，构建液压支架姿态与放煤量的数学模型，控制放煤量。模拟人工方法，系统可采用高清摄像机和振动加速度传感器来识别放落下的煤矸。

智能煤矸识别是放煤智能化的关键环节，是制约放顶煤工作面实现智能化和无人化的技术难题。研究放煤过程全方位监控技术和研制感知智能装备，实时监测放煤前、放煤中和放煤后的顶煤层变化情况，精确控制放煤过程，达到提高回采率和煤质的最优平衡。

经过现场验证的方法是在液压支架掩护梁下

安装防爆高清摄像机，能够以较宽的视角获得放落于后部刮板上的煤矸灰度图像（见图 7）。为减

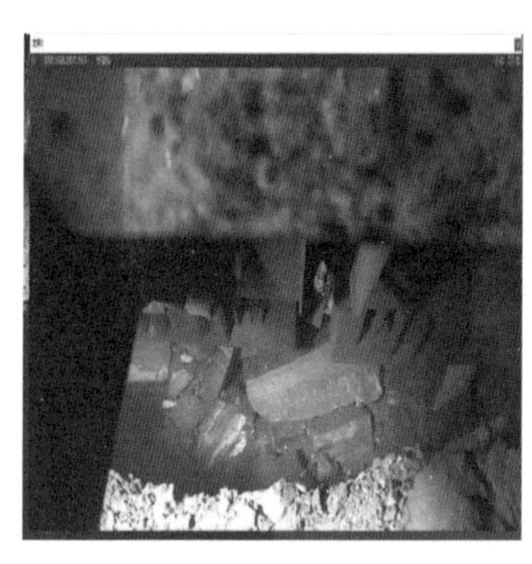

（a）放煤初期为全煤放落

（b）放煤后期顶板垮落

图 7　放顶煤时煤矸垮落图像

少放煤粉尘对摄像机清晰度的影响，可以用工作面上风口相邻支架的摄像机采集下风口支架正在放煤的视频图像。

因采用单一技术手段不能准确判断煤矸放落程度，仍然在放煤前、中、后 3 个阶段进行放煤过程全程监测。3 个阶段的监测功能为：

（1）放煤前，采用在支架顶梁前部安装透地雷达，测量顶煤厚度作为放煤量的基准。

（2）放煤中，在液压支架顶梁和掩护梁接合处安装三维雷达，扫描未放顶煤空间，测量出剩余顶煤体量，与放煤前的放煤量基准进行比对，来确定放煤过程何时终止。

（3）放煤后，采用高清摄像机，识别后部刮板输送机上已放落的煤矸，测量出煤炭体量和煤矸比例。

监测数据通过工作面通信网络传输到监控中心进行实时融合处理，得出未放落煤矸量，以此为判断依据，结合放煤工艺来决策当前放煤口的开放程度和是否需关闭，并实时反馈给液压支架电液控制系统，实现精确控制自动化放煤。

五、规划截割模型轨迹设定方法

规划截割模型轨迹设定方法主要包括截割模型创建、采煤机割煤模拟、计算虚拟截割轨迹三部分。该方法主要完成了井下实时割煤场景的仿真模拟，通过接入采煤机姿态数据、位置数据、滚筒高度数据，模拟顶板、底板的地质条件和设备模型等环境状况，以二维方式再现采煤机割煤场景，完成截割轨迹曲线的计算。

（一）截割模型创建

模型数据的精确性直接影响本方法的最终虚拟截割曲线的计算结果，具体实现如下：

1. 顶板、底板模型创建

通过惯性导航系统得到叠加了水平地质起伏

线的顶板、底板数据，将两条顶板、底板曲线数据进行拟合，创建二维的顶部区域和底部区域，中间的通道为实际的工作面。

2. 采煤机模型创建

通过采煤机的机身设计图，得到采煤机关键部位（采煤机滑靴、煤机机身、左右摇臂、左右滚筒）的位置和大小数据，使用这些数据建立二维采煤机平面模型。

3. 截割场景创建

建立二维坐标系，结合顶板、底板模型和采煤机模型，以及支架的宽度数据，进行模型大小单位的统一化处理，然后通过程序将采煤机放在顶板、底板模型中间的工作面的某一位置上。

（二）采煤机割煤模拟

通过截割模型创建二维场景的井下割煤平面模型后，即可控制这些模型进行井下割煤的模拟，具体实现如下：

1. 移动煤机位置

首先，自动调整虚拟煤机的位置。如果煤机位置超出顶板、底板曲线的范围，则模拟结束。在该过程中，可以将顶板、底板模型切割成多个位置点，然后将虚拟煤机依次放在这些位置点上，从而形成煤机移动模拟。通常切割的位置点越多，最终计算得出的虚拟截割曲线越准确。

2. 调整煤机模型姿态

每当煤机移动到一个新的位置点后，上下调整煤机机身的二维模型数据的横轴坐标和旋转煤机机身的角度，结合检测算法计算煤机模型与底板模型是否贴合、重叠以及重叠的面积等数据，每次调整姿态需判定是否符合预期，直至煤机模型在底板模型上以最接近实际的姿态显现。

3. 调整摇臂旋转角度

当煤机姿态符合实际姿态贴放至底板模型后，开始进行左右摇臂的旋转角度调节。旋转左右摇臂，结合检测算法计算得出左右顶、底滚筒模型与顶板、底板模型是否贴合、重叠以及重叠的面积等数据，每次调整需判定滚筒位置是否符合预期，直至每个滚筒模型都贴合相应的顶板、底板模型。

4. 数据缓存

当摇臂旋转角度调整完毕后，结合采煤机姿态数据、采煤机机身模型数据、摇臂模型数据、滚筒模型数据计算每一个滚筒高度，同时将此时的煤机模型位置数据、煤机姿态数据等二维模型数据的可用部分分为一组数据，并在程序中缓存。

（三）计算虚拟截割轨迹

当煤机到达最后一个位置点且进行数据缓存后，将本次模拟所缓存的煤机在每一个位置点上的数据进行合并。结合所有缓存的数据，拟合出虚拟截割轨迹，从而得到两条叠加了地质起伏条件的顶、底截割曲线。

第三讲

基于规划截割的智能开采控制系统设计

一、系统架构

基于规划截割的智能开采控制系统在架构设计上分为网络传输平台、智能数据中心和开采控制中心。网络传输平台作为系统的通信基础，智能数据中心和开采控制中心作为系统的两大核心，在功能设计上进行了分层实现：底层为数据层，实现三维数字煤层数据的获取、存储与处理；上层为控制层，实现按照规划截割策略对综采装备进行协同控制。

网络传输平台是系统数据通信和信息交换的基础，包括工作面有线网络平台和无线网络平台。工作面有线网络平台包含网络型控制器主体链路与综合接入器主体链路，构造了高可靠、稳传输的主干有线网络系统。无线网络平台采用矿用 5G 基站与定向天线的模式进行覆盖，在综采工作面机头、中部、机尾、顺槽监控中心分别部署 5G 基站，实现工作面、两巷 5G 信号全覆盖。

构建虚拟局域网 VLAN，使用基于端口的划分技术将网络分割成多个广播域，将广播信息限制在每个广播域内，实现了网络分割和安全隔离，提高了网络性能和管理效率。

智能数据中心以网络服务器为载体，以数据流的形式进行传输。智能数据中心的数据源由地质模型数据、历史截割数据、采高传感数据等组成。

开采控制中心承担传感器数据的采集分析、规划策略的执行以及装备的协同控制等任务。开采控制中心与综采装备通过矿井环网连接，采集的传感类数据经过解析作为智能数据中心的数据来源之一，依据截割模板和规划策略，协同控制综采装备，主要功能包括综采装备实时远控，采煤机与支架、采煤机与运输系统协同控制，执行采煤机、支架、运输机等规划截割控制方案，实时监测设备状态等。

二、网络传输平台

（一）有线网络平台

工作面有线网络平台包含网络型控制器主体链路与综合接入器主体链路，构造了高可靠、稳传输的主干有线网络系统。

网络型控制器主体链路如图 8 所示，网络型控制器通过支架间通信线覆盖工作面内的每一台支架，端头的网络型控制器接入顺槽监控中心的交换机内部，实现网络型控制器的数据上传与主机侧操作台的指令下发。

综合接入器主体链路如图 9 所示，在工作面每 6 台支架部署了 1 台综合接入器用于传输工作面视频图像数据，构成了工作面视频千兆网络主干链路，预留的 1 路接口用于连接 5G CPE 终端设备，为无线网络平台提供接口。

网络型控制器主体链路与综合接入器主体链路均融入监控中心交换机中进行数据交换，监控

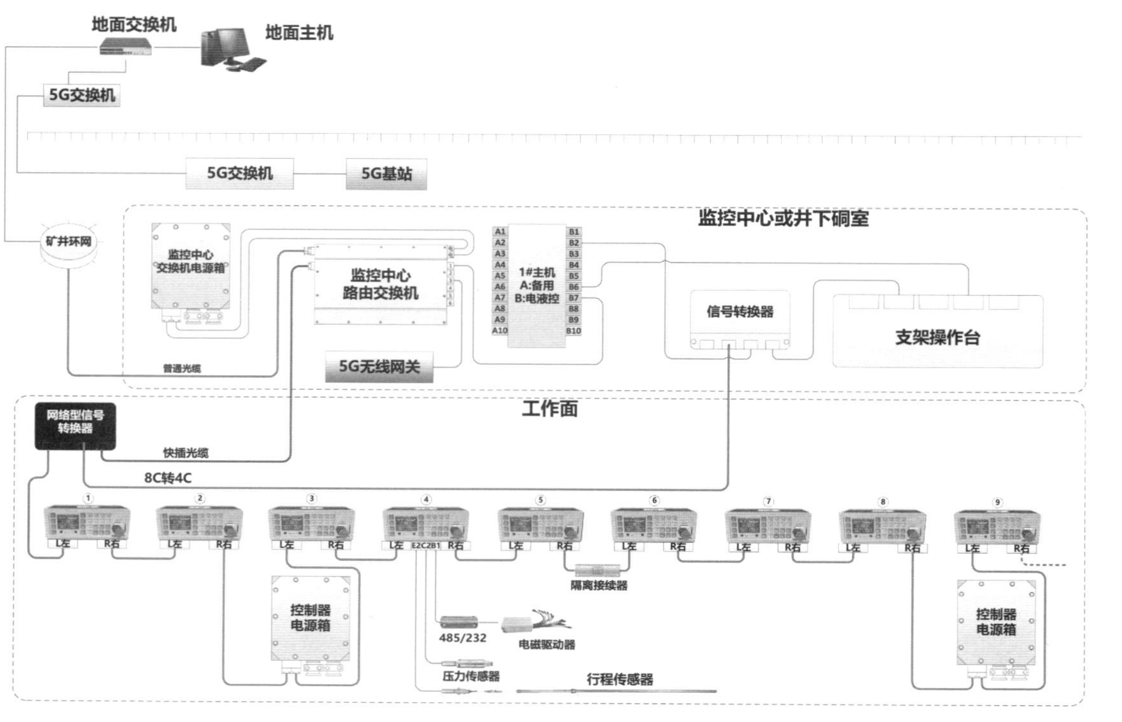

图8 网络型控制器主体链路

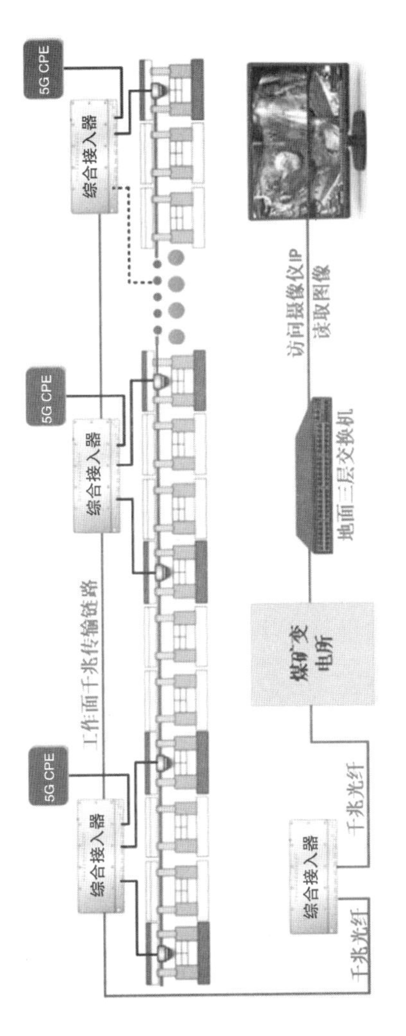

图9 综合接入器主体链路

中心主机可获取两条主体网络链路上的数据与视频信号。同时，通过监控中心核心路由交换机引出万兆光纤链路，接入地面调度核心交换机后，将数据传输至地面远程控制中心交换机，由地面多类型服务器采集井下的数据、视频等多维信号（见图 10）。

（二）无线网络平台

为方便在端头、端尾支架对设备的状态进行实时监测，一般分别在机头、机尾部署无线接入器（见图 11），操作人员可在顺槽超前支架位置通过防爆平板连接 Wi-Fi。

无线网络平台整体采用“矿用 5G 基站 + 定向天线”的模式进行覆盖，如图 12 所示，在综采工作面机头、中部、机尾、顺槽监控中心分别部署 5G 基站，实现工作面、两巷 5G 信号全覆盖，手持终端等设备直接接入 5G 网络。其中，工作面每台综合接入器连接 CPE，CPE 负责传输对应

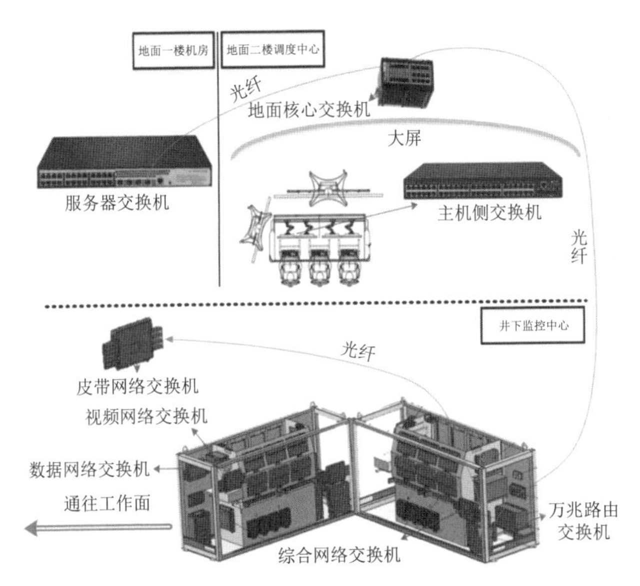

图 10　交换机总体部署

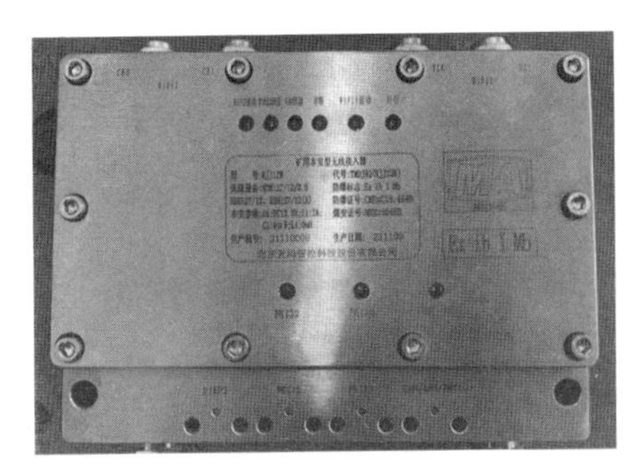

图 11　无线接入器实物

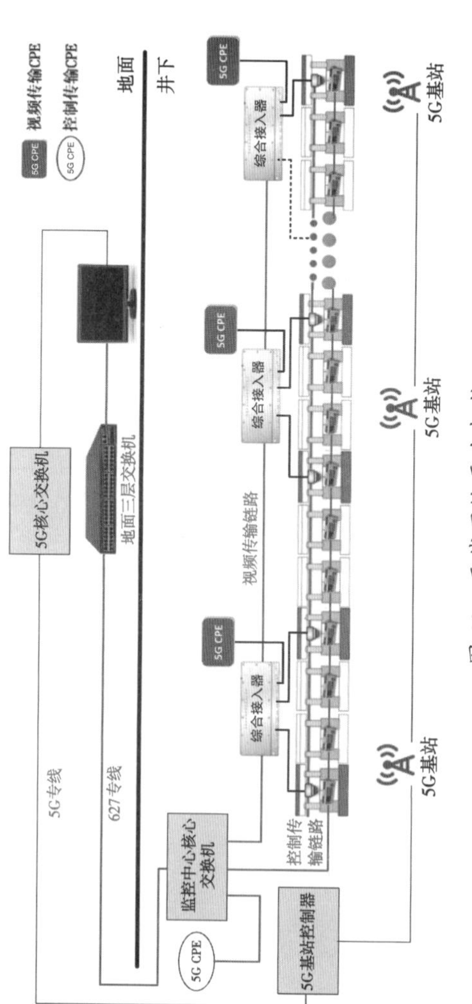

图 12　无线网络平台拓扑

综合接入器下的两台云台摄像机，工作面布置5G基站专线，通过5G信号通道与其CPE通信，将视频信号传输至地面主机服务器；控制器数据链路通过与监控中心核心交换机连接的CPE与巷道的5G基站通信，将信号传输至地面主机服务器。

（三）虚拟局域网

由于地面多类型服务器采集井下的数据、视频等多维信号，在形成的整个局域网内有大量的广播信息，易使网络性能急剧下降，甚至产生网络风暴，造成网络阻塞。因此采用VLAN将网络分割成多个广播域，将广播信息限制在每个广播域内，从而降低整个网络系统的广播流量，提高网络平台的性能。

VLAN的实现方法是使用基于端口的VLAN划分技术路线。基于端口的VLAN就是以交换机的端口为划分VLAN的操作对象，将交换机中的若干个端口定义为一个VLAN，同一个VLAN中的站点在同一个子网里，不同 VLAN 之间通信需要通过路由器。基于端口的 VLAN 配置简单，具有较好的安全性，方便直接监控，适合主机的物理位置相对比较固定的场合。通过对综合接入器、网络型交换机与路由交换机上进行 VLAN 划分，实现网络分割和安全隔离，提高网络性能和管理效率。

三、智能数据中心

智能数据中心作为煤矿开采的智慧大脑，是为矿方用户提供不同矿区多个开采工作面的数字化和智能化服务的平台，以提高煤炭的开采效率，减少煤矿的安全事故，打造高效的智能工作面统筹调度管理平台。

智能数据中心采用前沿的大数据平台架构、物联网与互联网统一通信协议、高效的前后端分离开发模式与协同开发代码托管平台，灵活运用工业控制协议与前沿的通信技术，通过上位机集控系统采集井下环境和开采设备数据，包括PC端智能工作面展板、移动端App、综采子系统。智能数据中心整体架构如图13所示。

（一）PC端智能工作面展板

智能工作面展板主要用于对煤矿开采设备和生产数据进行信息化与数字化管理，以及对矿压和开采设备故障进行智能化分析，部署在各个矿区不同工作面井上集控中心、矿区调度中心，也可以根据实际需求部署在井下顺槽控制中心。其功能主要包括数据总览、实时监测、统计分析、矿压分析。

数据总览功能界面详细汇总了工作面的生产工况的所有数据，实现对工作面的数据总览（见图14）。

实时监测功能界面详细展示了综采工作面所有设备生产过程的姿态数据（见图15）。

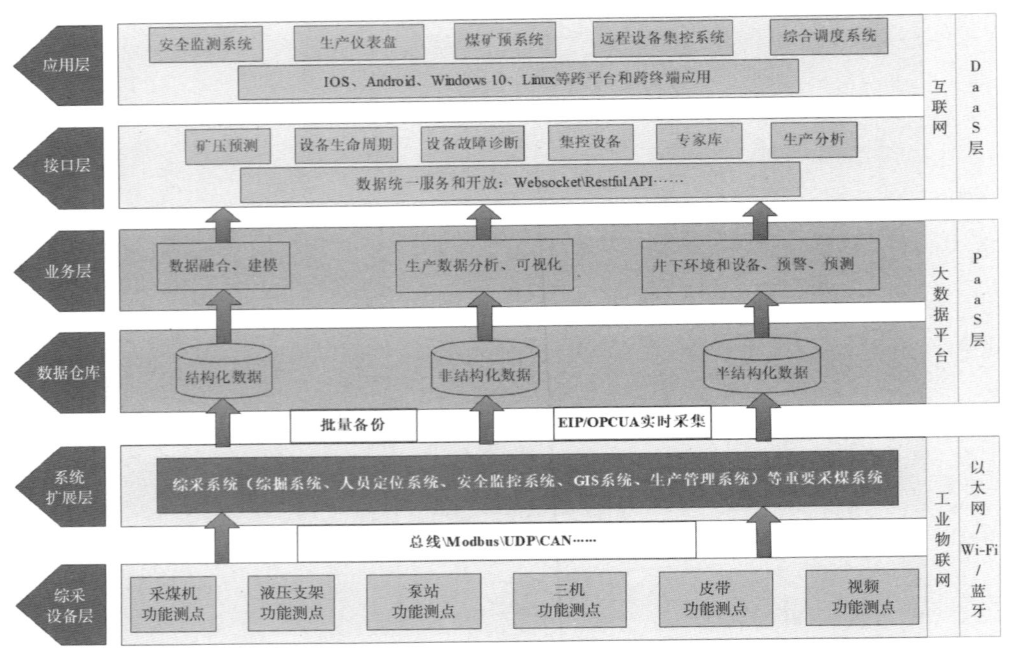

图 13　智能数据中心整体架构

4703工作面
2024-06-20 10:03:21
1508万
总割煤刀数
工作面上传数据总量
452,959,678
3550.2h
设备累计运行时长
118.6万吨
采煤累计总量
653.5万千瓦时
总耗电量
97分
质量生产评价
148897
故障总数
148897
处理报警
支架动作累计时长
1814.3h
24.1%
84.09
407.2m
407.2m
数据总览
监控分析
统计分析
矿压分析
报表分析

图 14　数据总览界面

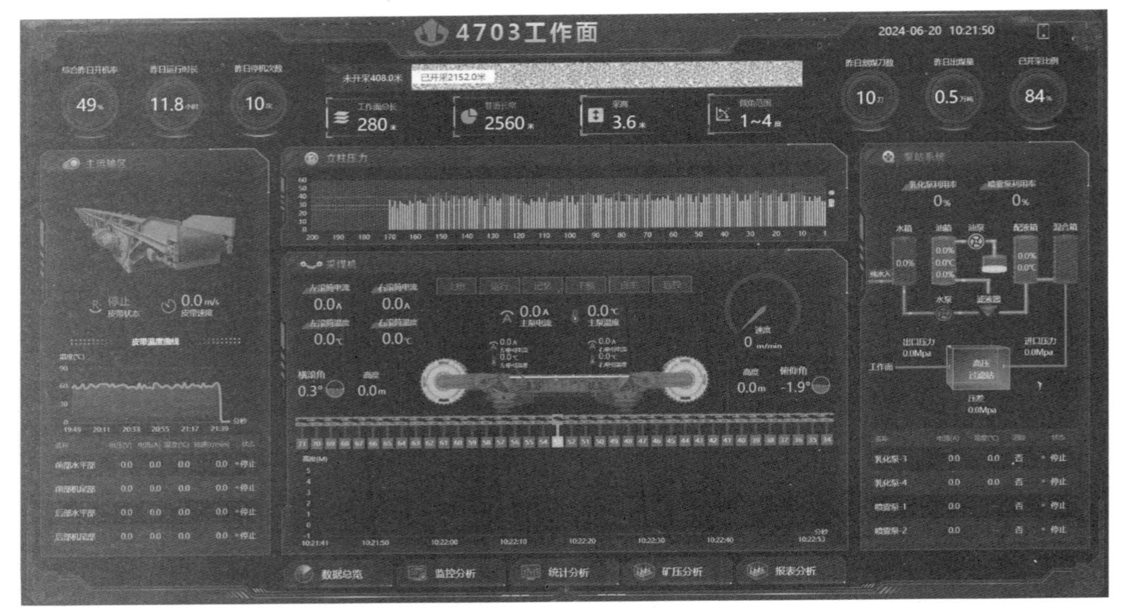

图 15　实时监测功能界面

统计分析功能界面详细展示了综采工作面历史生产的工况，可以浏览以往生产工况、报警信息、采煤机状态、支架状态、运输系统状态及其泵站状态统计信息（见图 16）。

矿压分析功能界面详细展示了综采工作面历史矿压分析数据，可以浏览以往压力分布、三维矿压、随时间变化的压力、支架压力以及周期来压的分析信息（见图 17）。

（二）移动端 App

移动端 App 应用除了集成 PC 端重要的数据展板内容，还增加了集控、告警、专家库等功能，比如液压支架远程控制功能，该功能可将井下多名支架工从危险的支架操作环境中解放出来，并且与人工操作支架相比，效率也大幅提高。其实际应用如图 18 所示。

（三）综采子系统

综采子系统汇集了智能数据中心的重要观测

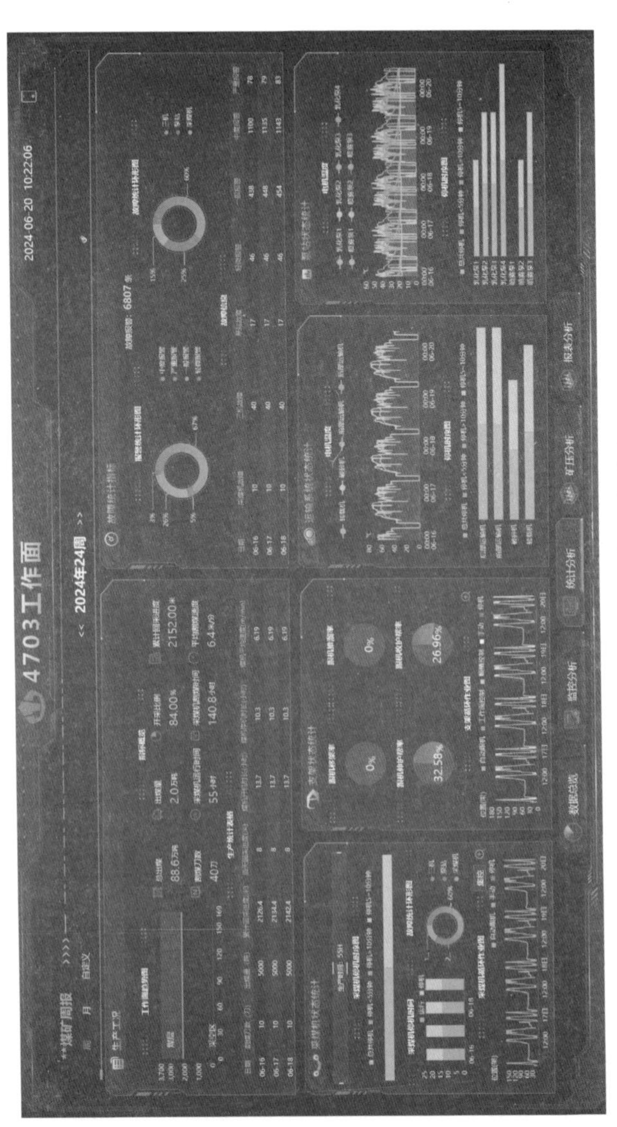

图16　统计分析功能界面

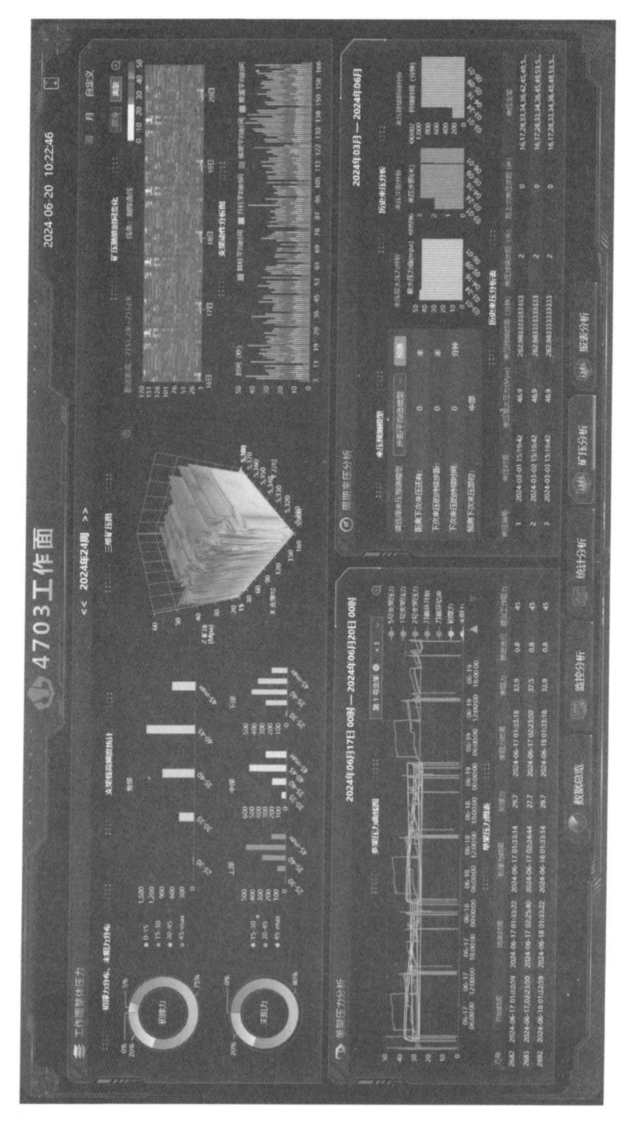

图 17　矿压分析功能界面

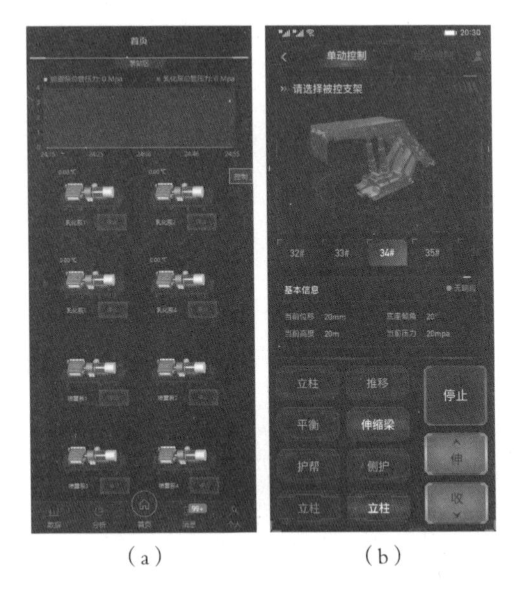

（a）　　　　（b）

图 18　移动端 App 界面

点与集控设备。通过搭建大数据 PaaS 平台，以前沿的跨系统、跨平台的通信协议，将多个煤矿开采重要子系统上位机所采集的数据进行融合管理，构建数据仓库，提供云计算、数据分析、自定义云组态和低代码高效开发工具，集中管理与调度，综采子系统实际应用功能如图 19 所示。

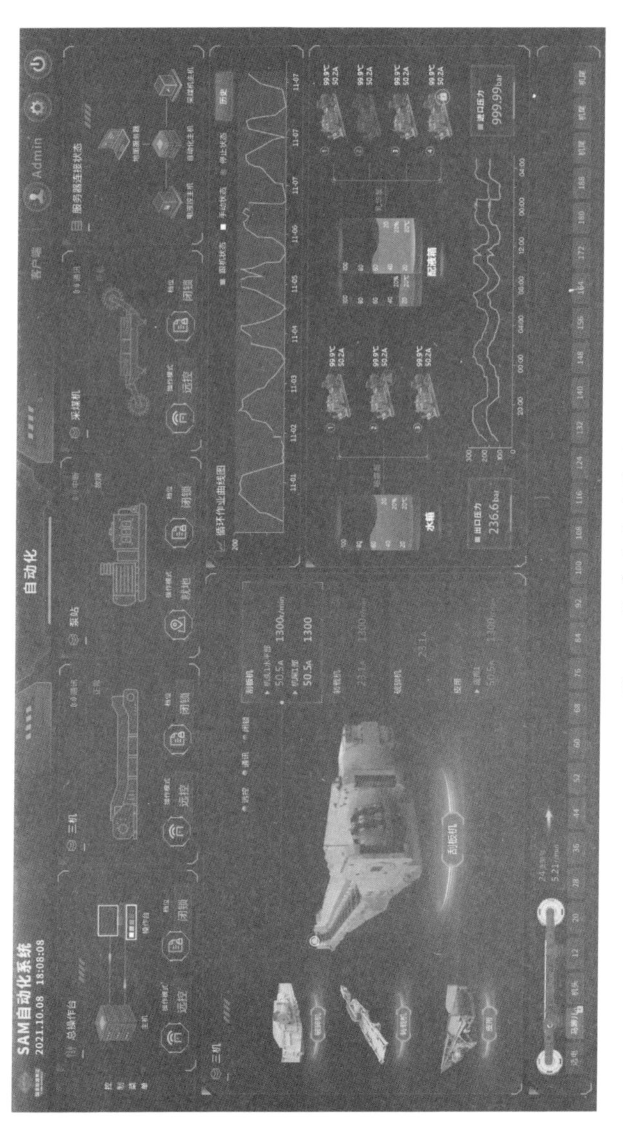
SAM自动化系统
2021.10.08 18:08:08
自动化
客户端
Admin
总操作台
三机
泵站
采煤机
服务器连接状态
远控
闭锁
就地
循环作业曲线图
历史
刮板机
水箱
配液箱
出口压力
236.6bar
进口压力
999.99bar

图19　综采子系统界面

四、开采控制中心

开采控制中心是系统执行智能协同控制的中心大脑，主要功能包括支架多模式自动移架控制、推进度动态控制、煤流负荷平衡控制、采煤机与支架协同控制。

（一）支架多模式自动移架控制

针对常规工况和底软等特殊工况，系统具备多模式自动移架功能，分别设计了两种移架工艺，即标准移架工艺与特性移架工艺。这两种移架工艺可以设置不同的移架顺序动作，一键切换指定范围的支架动作模式，以适应采场情况不断变化下的自动控制操作要求。

在常规工况条件下，标准移架为优先选择的移架工艺。标准移架以常规的降柱、移架、抬底、升柱为主，所有的具体移架动作均较为简单，不涉及复杂的动作设置（见图 20）。

在底软等特殊工况下，需要根据工作面情况

使用不同策略才可以完成移架选择。针对经常出现底软、堆煤等特殊情况，可以通过设置多次移架、移架间隔时间、快速抬底等特殊功能来实现自动移架（见图 21）。

（二）推进度动态控制

通过构建液压支架推进度散点模型，融合两巷伪斜量、运输机上窜下滑状态量、工作面直线度数据的动态调控需求，对每个割煤循环综采工作面液压支架推进控制量进行定量分析，达成液压支架推进控制行程目标。每台液压支架按照接收到的行程目标设置量执行移架控制，从而通过整体调控液压支架群组的推进状态实现工作面连续推进过程可控（见图 22）。

（三）煤流负荷平衡控制

煤流负荷平衡控制指通过分析综采设备之间的制约关系，建立煤流负荷平衡控制模型，实现煤流运输过程中的负荷优化和平衡。首先，通过

图 20　标准移架工艺模型

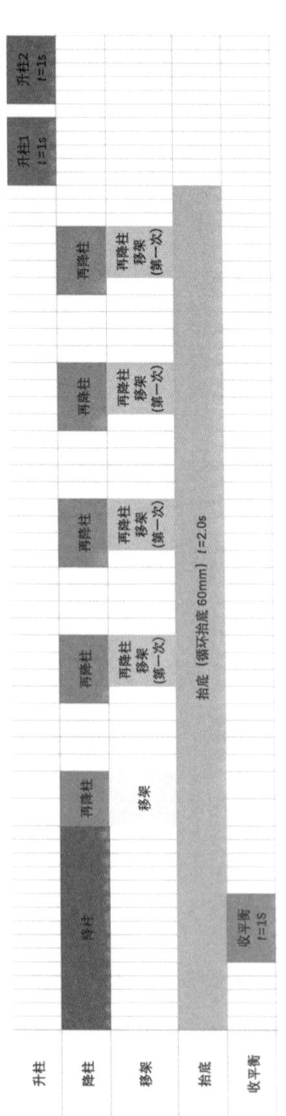

图 21　特性移架工艺模型

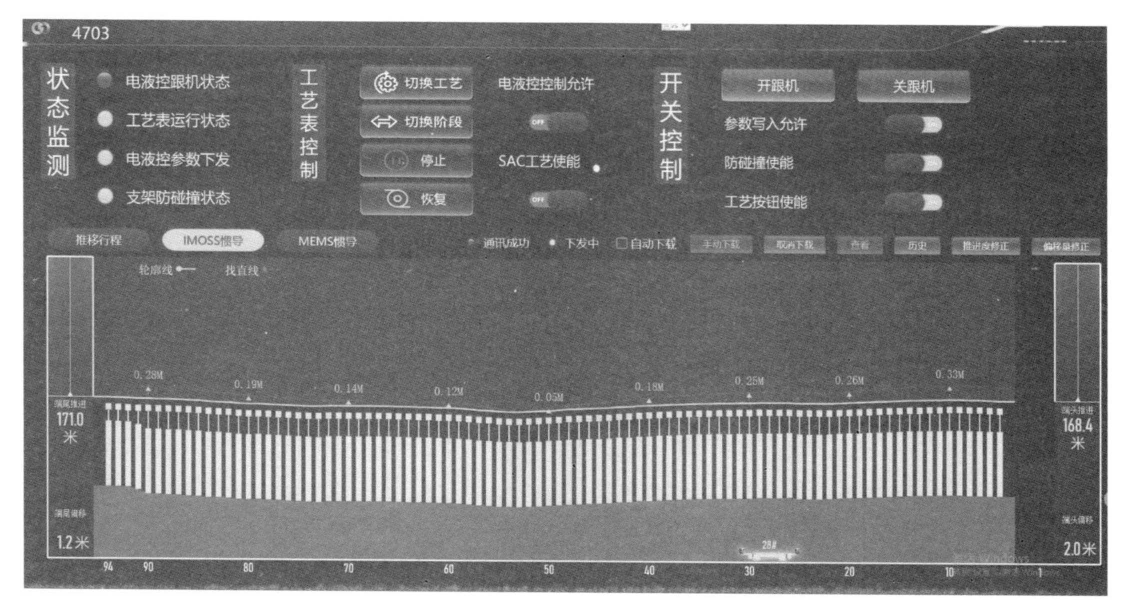

图22　支架直线度与伪斜监测界面

安装传感器和监控设备，实时监测煤流运输过程中的各种参数，如煤量、速度、温度等。其次，利用智能算法和数据分析技术，对实时监测到的数据进行分析和处理，以获取煤流运输的实时状态，同时基于历史数据和实时数据，利用预测算法对煤流负荷进行预测，为控制决策提供数据支持。最后，根据负荷预测结果和煤流运输的实时状态，制定控制策略，调整设备运行状态，实现煤流负荷的平衡和优化。

煤流负荷平衡控制可以根据煤流运输的实际情况，将煤流运输系统划分为多个区段，通过调整各区段的运输速度，实现煤流负荷的平衡。例如，在煤量较大的区段，可以提高运输速度，以减少煤流堆积；在煤量较小的区段，可以降低运输速度，以降低能耗。最终通过优化采煤机的截割参数和刮板运输机的运输参数，实现煤流负荷的平衡和优化，提高煤流运输的效率和速度，降低设备故障率和能源消耗，减少维修和更换设备的成本，保障煤矿生产的安全与稳定。

（四）采煤机与支架协同控制

采煤机与支架协同的目的是保证在采煤机运行时，支架能够完成自动跟机作业，支架动作到位且不丢架。本系统中采煤机与支架的协同规划策略包括截割前工艺适配和截割中实时调整。

截割前首先依据截割模板中规划的工艺段，确定与该工艺段相关的支架范围；其次依据工艺段内采煤机的运行方向和高度模板中规划的采煤机速度，计算出该范围内支架的跟机参数；最后适配出与各工艺段匹配的支架跟机工艺，从整刀截割的流程上保证跟机工艺的适配。

截割中实时检测采煤机位置和当前跟机支架范围内各个支架的动作状态，在判定当前支架的跟机速度与规划的采煤机速度不匹配时，实时调整采煤机速度，或者切换支架的快/慢速跟机模式。采煤机到达设置的检测点后，检测相关区域的支架是否全部动作到位，若部分支架动作未到位，则牵停采煤机，等待支架动作完成。

第四讲

无人化智能开采生产模式

一、智能开采生产模式及存在问题

（一）生产模式

工作面远程操作是井下综采工作面实现无人化的必由之路，通过设置在地面的操作平台来远程控制井下综采设备的启停、运转。在地面集控中心实现工作面远控的操作平台有两种，即远控集控操作台和太空舱式一体操作台。

1. 远控集控操作台

远控集控操作台（见图 23）为远程控制工作面三机、采煤机等的操作台，液压支架远程操作台为远程控制液压支架的操作台。使用时，操作台分别与地面主机相连，地面主机通过网络与井下监控中心主机相连，并通过井下监控中心主机实现对工作面设备的控制。但是这种操作台需要放在或者镶嵌在桌子上，不便于人员操作。同时只能进行简单的启停等操作，按键不能实现支架、采煤机等设备的协同控制。

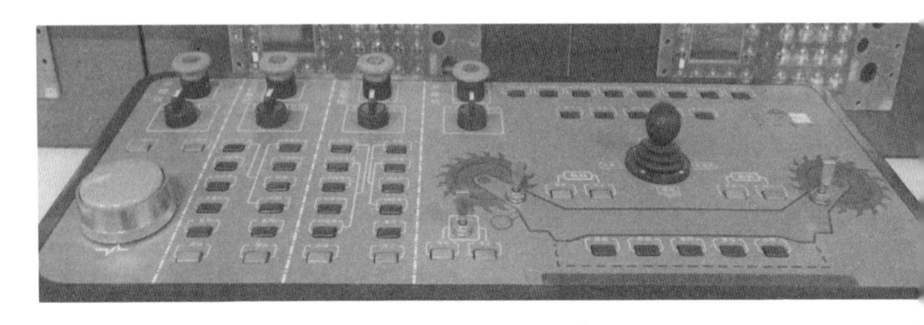

图 23 远控集控操作台

2. 太空舱式一体操作台

太空舱式一体操作台是目前比较先进的地面控制台（见图 24），加入了摇杆无极控制。但是太空舱式一体操作台集显示器、主机、控制台、座椅等于一体，内部接线复杂，整体比较笨重，占用地方较大，自带屏幕较小，而且工位固定，不能根据现场需要进行工位、工种的调整。

（二）存在问题

上述两种操作台共同的缺点是操作比较固定，支架操作台只能操作支架，采煤机操作台只能操作采煤机，采煤机只能由一个人控制，还需

图 24　太空舱式一体操作台

要另一个人对采煤机前后滚筒进行实时监控。而井下采煤机长度最短也要十几米，一个采煤机司机基本无法实现对前后滚筒通过视频同时进行观察、分析、控制。

二、新一代地面一体化远控平台设计

（一）地面一体化远程操作岛

针对地面采煤模式作业特点，充分考虑人机交互的特性，目前研制了地面控制中心一体化远程操作岛，在地面集中部署无人化采煤控制服务器，在常规数据监控的基础上，增加触摸屏帮助地面人员编辑截割模板、动态调控采煤工艺，有效地支撑“井上井下协同作业”生产模式，为无人化采煤常态化运行提供重要支撑。

1. 技术方案

根据薄煤层无人化采煤攻关技术路线规划，对地面分控中心操作平台进行定制化设计，采用工业设计理论与方法、产品形态美学、感性工学、品牌推广等手段，进行操作工位座椅、监控平台、交互平台、操控手柄等细节上的工业设计，打破传统机械式、多设备操作台布局方式，设计结构紧凑简洁，符合人体工程学，操作便捷，研发出一款满足功能要求、操作便捷、维修便利的地面控制中心一体化远程操作岛。

地面控制中心部署塔式机柜，通过安装高性能服务器、工作站、解码器、交换机等关键设备搭建地面集控平台，替代传统的井下顺槽监控中心，实现综采工作面集中控制硬件平台能力大幅提升。该平台具备接入三维透明地质系统、大数据平台、5G 网络、AI 视频、智能音频等系统的高可靠的扩展能力。地面控制中心一体化远程操作岛分为液压支架监控区和采煤机监控区，除了能够实现对综采工作面液压支架、采煤机、三机、泵站、胶带运输机、移变、开关、巡检机器人等设备的基础监控功能，还能实现服务端（后端）以完成工作面数据汇总、分析、后台决策及控制为主，配合深度融合综采工艺的采煤控制引擎，完成采煤机、支架的上位机调度控制，从而指导采煤机、液压支架实现自动化作业，工作面加刀、减刀自动化控制，工作面上窜下滑智能分析决策。同时客户端（业务前端）根据业务需求进行人机交互方式定制化开发，实现设备运行监控、参数在线设置、故障提示预警、视频主动推送等人机交互模式，提升设备控制能力，并在地面分控中心操作岛配置触控交互设备，最大限度地提升远程干预便捷性。

2. 设计开发

地面控制中心一体化远程操作岛（见图25）对座椅和显示操作台进行布局优化，采用符合人体工程学、良好的产品使用体验和使用环境的单工位座椅及显示操作台工业设计，实现了舒适惬意的操作体验。

（1）地台设计。底部采用3~5cm厚的地台，具备模块化拼装，满足一人搬运条件；地台装修采用高档地胶铺设，地台周围采用氛围灯装饰，体现整体科技感；地台内部设计标准化走线槽，具备隐藏式走线功能。

（2）座椅设计。配套2把座椅，座椅周围采用半包围设计，具备可调节高度、通风、加热、按摩等功能，实现深度沉浸式体验，满足岗位工

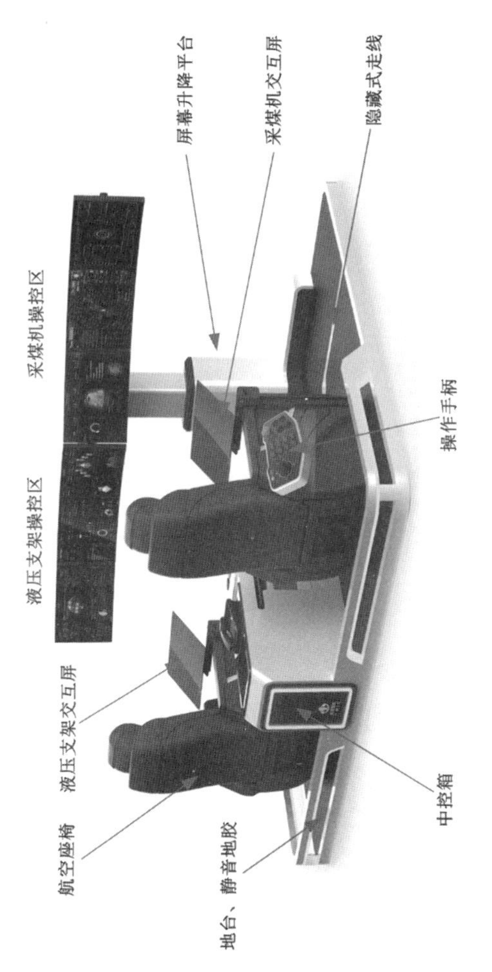

图 25　地面控制中心一体化远程操作岛设计图

人长时间作业的需求。

（3）中控设计。中控箱位于岗位工座椅中间，具备控制按钮、扬声器、储物槽等摆放位置的功能。

（4）手柄设计。配套 2 台操作手柄，满足人体工程学，同时保证按键的触感，放置于座椅两侧，保证操作人员取放便捷。

（5）屏幕设计。操作岛由 6 台 27 寸（1 寸 = 3.33cm）弧面屏组成，整套屏幕分为 2 组，满足日常生产期间的监控需求。

（6）交互设计（见图 26）。在操作岛座椅两侧分别布置一台 21 寸交互屏，设计两个交互屏支架，支架机构保证小巧、轻便，符合人体工程学，具备手动实现两个 21 寸交互屏升降、旋转及俯仰角调节功能。

（7）电气设计。为了满足地面控制中心一体化远程操作岛整体设备供电、通信，保证各设备

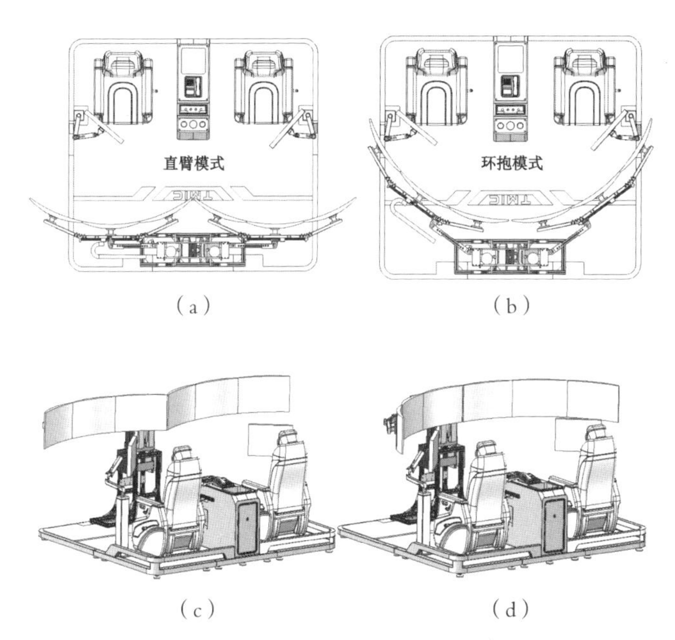

（a）　（b）
（c）　（d）

图 26　地面控制中心一体化远程操作岛交互模式

正常供电及通信控制，对操作岛内部供电、通信进行整体设计，标准化内部走线，为后续的可靠运行奠定基础。

采用新型地面控制中心操作岛，布置 6 台显示监控画面加 2 台人机交互屏，提升远程监控人员操作感受，支撑工作面自动化开采模式下远程监控能力。

（二）沉浸式一体化远程多维度精准控制平台

1. 方案设计

结合工作面无人化开采特点，采用以规划截割为主，通过云台摄像机地面监测，以远程少量干预为辅的技术路线，调研一线工人的操作习惯，实现对工作面云台摄像机选架切换、云台旋转、变焦变倍等需求，同时可对井下采煤机、液压支架、三机等不同设备进行单独控制。

2. 操作平台整机设计

沉浸式一体化远程多维度精准控制平台以航空座椅为基础，进行定制化改装设计。下面对航空座椅的改装设计进行说明。

在座椅扶手两边设计摇杆、手柄、旋钮、按键，将座椅设计为一个独立的控制单元，根据所需控制设备的不同，通过对摇杆、手柄、旋钮、按键的不同配置和定义，实现座椅的灵活配置（见图 27）。

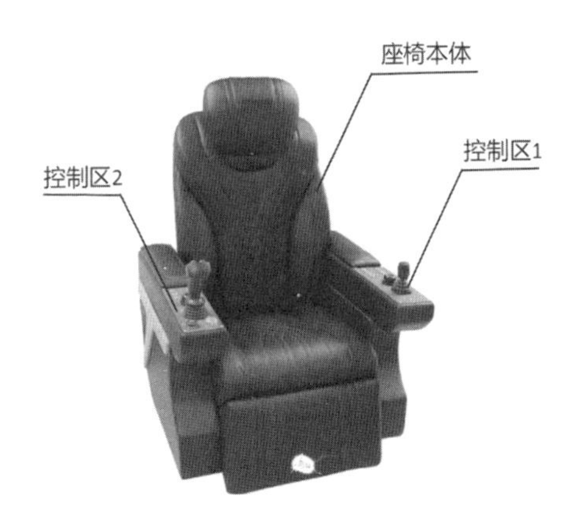

图 27 操作座椅

座椅扶手一侧为视频控制摇杆及旋钮，可对视频进行选择、旋转、变焦、变倍调整等操作；座椅扶手另一侧为设备控制摇杆及旋钮，可对所需控制设备进行选择、前进、后退、确认等操作。如将摇杆配置为采煤机控制摇杆时，摇杆上、下操作可以实现采煤机滚筒的升高与降低，左、右操作可以实现采煤机的加速与减速；两侧摇杆下方为功能按键区，可以根据需要自定义按键功能，如液压支架的推溜 / 拉架、护帮伸 / 收、泵站的启 / 停、三机的启 / 停等；设备控制摇杆前方为急停闭锁按钮，在井下设备出现意外情况时，操作人员可以快速对设备进行紧急停止操作（见图 28）。

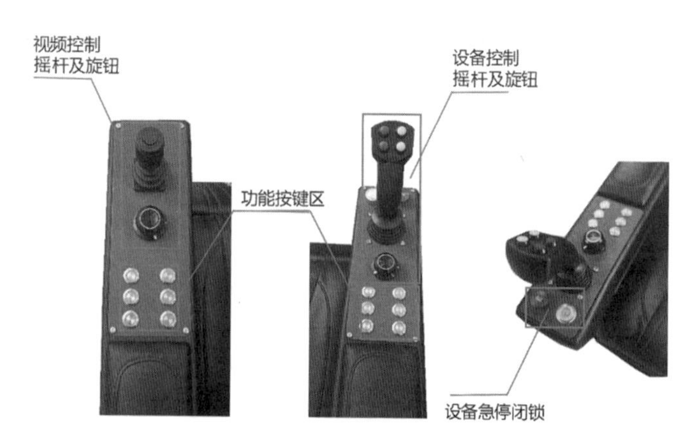

图 28　操作座椅控制区域

三、无人化地面远程开采新模式

创建基于一体化操作岛的针对固定双工位的操作岛地面远程开采中心和基于沉浸式一体化远控平台的自组合多工位地面远程开采中心两种无人化地面远程开采模式，形成“地面规划采煤、装备自动执行、面内无人作业”的智能协同开采新模式，实现以自主规划导航截割为主、开采趋势动态修正、地面人员辅助调整的无人化远程开采。

（一）固定双工位操作岛地面远程开采模式

针对控制中心场地较大，具备运输、搬运、安装条件的矿井，设计固定双工位操作岛地面远程开采模式（见图 29）。该模式以综采工作面地面主控中心为核心，采用“后端分析决策、前端交互控制”的架构理念，通过全新设计的无人采煤一体化管控平台及操控岛，实现生产数据汇总、分析、后台决策控制，采煤机、支架等煤机装备的主从调度，工作面采煤机、液压支架根据调度执行自动化作业；操控软件（前端）实现设备运行监控、参数在线设置、故障提示预警、视频主动推动等人机交互操作，配置操作手柄、触控交互屏等设备，最大限度地提升远程操控便捷性。

图 29 固定双工位操作岛地面远程开采模式实际效果

固定双工位操作岛地面远程开采模式主要设备清单见表 1。

表 1　固定双工位操作岛地面远程开采模式主要设备清单

序号	名称	数量	单位
1	地面控制中心操作岛	1	套
2	地面万兆交换机	1	台
3	一体化控制机柜	1	台
4	地面服务器	2	台
5	地面工作站	7	台
6	解码器控制软件	1	套
7	流媒体服务器平台	1	套
8	综采工作面网络管理软件平台	1	套
9	服务器主机软件	1	套
10	电液控主机软件	1	套
11	采煤机主机软件	1	套
12	泵站主机软件	1	套
13	视频主机软件	1	套
14	自动化主机软件	1	套
15	数字孪生软件	1	套
16	数据中心软件	1	套
17	智能视频软件	1	套
18	视觉图像 AI 训练管理平台	1	套

（二）自组合多工位地面远程开采模式

采用沉浸式一体化远控平台，只需一次设计，即可在现场根据需求进行灵活配置，不受场地和安装空间的限制，可以配出单人位、两人位、三人位甚至四人位等多种操作模式，大大降低设计成本。下面以“三人位”开采模式方案为例进行说明。

新一代地面远程开采模式，由一个支架工和两个采煤机司机共三个操作成员组成。“三人位”的开采模式更符合工人的操作习惯，更契合综采工作面的生产控制模式。支架工在地面监控支架跟机状况，配置一体化控制座椅，通过座椅搭载的视频操作装置，可以调整视频观察各个跟机阶段的支架动作状态；通过座椅搭载的支架操作装置，可以实现支架的远程干预控制。两个采煤机司机分别作为左、右滚筒司机专注于左、右滚筒的规划截割和干预控制，而左、右控制互不干扰，提高对顶板、底板精准度的截割控制效果（见图 30）。

图 30 “三人位”一体化远控平台模式实际效果

基于一体化智能控制座椅的“三人位”地面开采新模式主要设备清单见表 2。

表 2 “三人位”地面开采新模式主要设备清单

序号	名称	数量	单位
1	地面一体化操作座椅	3	台
2	地面服务器	1	台
3	地面工作站	6	台

续 表

序号	名称	数量	单位
4	65 寸显示大屏	3	台
5	65 寸显示大屏支架	3	个
6	纯 4K 图像控制器	1	台
7	触摸屏一体机	3	台
8	自动化主机软件	1	套
9	地面服务器主机软件	1	套
10	地面客户端主机软件	6	套
11	电液控精准控制软件	1	套
12	自动化精准控制软件	1	套
13	采煤机精准控制软件	1	套
14	透明地质监测与协同规划系统	1	套
15	自主割煤规划截割系统	1	套
16	地面大数据中心	1	套
17	流媒体录像机	1	个
18	视频解码器	1	个
19	以太网交换机	1	个
20	16 口千兆交换机	1	个

（三）“地面规划路径 + 地质写实验证”相结合的作业模式

固定双工位操作岛地面远程开采模式和自组合多工位地面远程开采模式实现了地面操作人员远程规划截割，但是考虑到煤层赋存情况不断变化、实际生产中割煤工程质量不同，这些都将影响下一刀割煤循环过程的滚筒采高，单独基于历史割煤滚筒采高计算得到下一刀割煤循环采高数据量不够充分。为了进一步提升截割模板数据的可靠性和准确性，提出了“地面规划路径 + 地质写实验证”的新模式。具体来说，井下工作面生产前，由检修人员通过手机终端记录当前工作面地质情况，提供给地面控制中心远程人员参考，实时局部调整截割模板采高数据，再经由算法自动优化控制数据，实现采煤机滚筒精准截割控制。图 31 左侧为地质写实所需的手机软件，用于井下人员录入写实数据，右侧为生产过程中

图 31　地质写实手机软件与地面触摸屏局部修正

采煤机监控页面，包括截割模板采高、采煤机姿态、运行速度等关键数据。

四、无人化智能开采应用效果

“地面规划采煤、装备自动执行、面内无人作业”的智能协同开采新模式，实现了以自主规划导航截割为主、开采趋势动态修正、地面人员辅助调整的无人化远程开采，以陕煤黄陵一号煤矿和神东榆家梁煤矿作为“地面规划采煤、装备自动执行、面内无人作业”的无人化采煤的落地示范工作面为例。

在陕煤黄陵一号煤矿和神东榆家梁煤矿率先实施创建示范工作面，实现了生产期间工作面内无人连续常态化作业的工业应用，并且采煤效率相比传统模式有大幅提升。在榆家梁煤矿 43027 个工作面建成“0+2+2”的无人化采煤生产模式，即生产期间工作面 0 人操作，井下顺槽中心 2 人监护，地面 2 个操作员远程监护，该生产模式实现常态化持续运行 6 个月以上，圆班均衡割煤，并且生产效率提高 16.67%；在黄陵一号煤矿 627 个工作面建成“0+3”的无人化采煤生产模式，即生产期间工作面 0 人操作，地面 3 人远程作业，该生产模式的生产效率提高 13.81%，创造了最佳单班 8.5 刀煤的无人化智能采煤生产纪录，为煤矿综采无人化采煤提供了首套工业化常态化应用解决方案。

目前，该成果已在国能集团、陕煤集团、山能集团、川投集团等下属多个矿区广泛推广。其中，川投集团嘉阳煤矿已成功应用无人化智能开采新模式，该工作面圆班均采用地面常态化生产，生产效率提升了 16.7%，其成果为未来我国煤矿井工矿井的无人智能化开采提供了优秀范例。

后 记

无人化采煤是煤炭行业贯彻落实习近平总书记提出的“四个革命、一个合作”能源安全新战略与“以人民为中心”的发展思想的重要手段，也是提升煤矿工人安全感与幸福感、实现煤矿高质量发展的必由之路。笔者所在的天玛智司致力于煤矿智能化无人开采的技术探索，担负“引领煤矿智能化科技，促进安全、高效、绿色开采”的使命，旨在为煤矿提供智能化采煤解决方案，提高煤矿开采安全水平及生产效率，降低煤矿工人的劳动强度，从最早引进国外先进技术到自主研发新技术，填补了我国煤炭行业多项技术应用空白，创建了我国煤矿智能化开采的辉煌，引领着煤炭行业智能化技术的发展。作为拥有15年工作经验的一线科研人员，笔者一直致力于煤矿综采工作面智能化与无人化开采技术的研究，先后经历了以黄陵一号煤矿为代表的“有人巡视，无人操作”的智能化采煤1.0时代和以工作面连续自动推进找直为特征的智能化采煤2.0时代。自2018年以来，笔者潜心研究探索以三维地质建模规划截割为技术特征的无人化智能采煤技术，为智能化采煤3.0时代发展不断提供技术支撑。

目前，在地质条件较好的工作面实现了采煤工作面内无人化作业生产，但是面对复杂多样的地质条件下的综采工作面，还有待解决煤岩识别、设备精确定位等“卡脖子”技术，这需要不断地对无人化智能开采技术进行深入研究与探索，未来的智能化开采还有很长的路要走。

笔者和所在创新团队未来将持续不断地从理论到实践、从技术到装备、从方案到实施，反复验证无人化智能开采技术的普适性，进一步推动无人化智能开采技术与煤炭产业融合发展，为全面实现煤矿无人化智能开采作出更大的贡献。

刘清

2024年6月

图书在版编目（CIP）数据

刘清工作法：煤矿无人化智能开采控制系统 / 刘清著. -- 北京：中国工人出版社, 2024. 8. -- ISBN 978-7-5008-8473-6

Ⅰ. TD82

中国国家版本馆CIP数据核字第2024K4X909号

刘清工作法：煤矿无人化智能开采控制系统

出 版 人　董　宽
责任编辑　孟　阳
责任校对　张　彦
责任印制　栾征宇
出版发行　中国工人出版社
地　　址　北京市东城区鼓楼外大街45号　邮编：100120
网　　址　http://www.wp-china.com
电　　话　（010）62005043（总编室）
　　　　　（010）62005039（印制管理中心）
　　　　　（010）62379038（职工教育编辑室）
发行热线　（010）82029051　62383056
经　　销　各地书店
印　　刷　北京市密东印刷有限公司
开　　本　787毫米×1092毫米　1/32
印　　张　3.875
字　　数　47千字
版　　次　2024年8月第1版　2024年8月第1次印刷
定　　价　28.00元

优秀技术工人百工百法丛书

第一辑　机械冶金建材卷

优秀技术工人百工百法丛书

第二辑　海员建设卷